計算力・図形を見る力がぐんぐん育つ！

算数脳がのびる

ゆる解きひらめき
YURUHIRA WORKBOOK
ドリル

監修

JN022656

主婦と生活社

遊び感覚で算数脳をのばそう

こんにちは。数学教師芸人・タカタ先生です。

子どもたちに算数の楽しさを知ってもらいたいと思って、お笑い芸人と数学教師の二刀流で活動。授業動画の配信などを行なっています。

本書を手に取ってくださった方の中には、お子さんが算数ぎらいで悩んでいるお父さん・お母さんもいると思います。桁の多い数の計算や九九などの学習が始まると、少しずつ算数に苦手意識を持つ子どもが出てくるように思います。

算数に必要な力には大きく3つあると言われており、それは「計算力」・「空間認識能力」・「論理的思考力」です。

「計算力」は数字を使った足し算や引き算、かけ算（九九）などをする力、「空間認識能力」は物をいろいろな角度から見たところを想像する力。「論理的思考力」は物事を整理して筋道を立てて考える力です。

この3つの力がつけば、算数の問題もまるでパズル感覚で楽しく解けるようになります。加えて、算数以外の教科や日常生活でも、3つの力はとても重要なものです。

　本書には、計算力・空間認識能力・論理的思考力を養うことができる問題を掲載しています。「問題」といっても、教科書や計算ドリルにあるようなものではなく、ゲーム感覚で楽しめるものばかりです。

　遊びとして楽しく解いているうちに、計算ができるようになったり、図形をさまざまな角度からイメージできるようになったり、筋道を立てて物事を考えられるようになったりします。

　算数が苦手な主人公をはじめ、いろいろなキャラクターが本書には登場します。みんなといっしょに冒険気分で問題にチャレンジして、算数を楽しいと思ってもらえるとうれしいです。

数学教師芸人　タカタ先生

保護者の方へ

本書では、計算力・空間認識能力・論理的思考力を、楽しくしっかり養うため、さまざまなジャンルの問題を数字や条件を変えながら繰り返し解けるようにページを構成しています。まずは冒頭から順に、一通り解き終えた後は、復習として難しいと感じた出題形式の問題を中心に繰り返し取り組むのがおすすめです。

宇宙パトロール隊員の
ウーとチュー。
今日の任務をおえて、
宇宙ステーションに
むかっていた…

報告書の数字
まちがってるわよ!

2人のボス
ミス・スミス

今日の
調査報告も
おわり!

ウー

チュー

早くかえって
サンゴちゃんの
配信ライブを見なきゃ

グラ グラ

グラ

んっ!!
どうした??

うわわ!
あの星に
緊急着陸だ!

コントロールできない〜

算数〜〜！

手助けするから
2人ともがんばって！

スイスイっととけるように！

わたしたちも
手伝いますぞ

行きますぞ！

かえるために
やるしかなイカ〜

たしカニ〜

算数の問題にいどむことになったウーとチュー
ぶじ宇宙ステーションにかえれるのか…!?

もくじ

★ キャラクターしょうかい ★

算数が苦手なウーやチューといっしょに、問題をといていこう！

ウー

宇宙パトロール隊員。ペットの宇宙ガメとなかよしだよ。

チュー

宇宙パトロール隊員。宇宙アイドル・サンゴちゃんの大ファンだよ。

宇宙ガメ

サンゴちゃん

ミス・スミス

ウーとチューのボス。宇宙ステーションからたよりない2人にアドバイスをするよ。

カズール3世

サンスー星の長。ひげがどれくらいのびるか、ちょうせん中。

プラッス

カズール3世の家来。家来になってから、算数が得意になったよ。

感想をかいてみよう！

問題をといたら、「かんたん！」「たのしい！」など、自由に感想をかいてみてね。ウーの顔もいっしょにかいてみよう！

といた感想　　かんたん！

問題の上のほうにあるよ！

トリオ・ザ・サンスー

タス、ヒク、ククの3きょうだい。いたずらがすきだよ。

森のゾーン

最初は森の中を進むぞ。
いろいろな住人がパズルを出してくる。
ちなみに今日はおまつりも
やっているぞ！

森へしゅっぱつ！数字パズル

まずは森の入口のパズルにチャレンジ！
□に数字を入れよう。お手本のように、縦・
横・ななめで、それぞれ同じ数ずつ足したり
引いたりされているよ。

早くかえって
サンゴちゃんが
見たい…

お手本

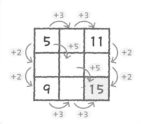

3		7
9		

マン太の大好物は？
マス目点つなぎ

森のおくからやってきたのは…マン太だ！
マン太の言うように点を書いて、じゅんばんに線でつなごう。
マン太のすきな食べものが出てくるよ。

（お, 4）→（う, 4）→（い, 5）→（い, 8）→（う, 9）→
（き, 9）→（く, 8）→（く, 5）→（き, 4）→（お, 4）→
（お, 2）→（か, 3）→（き, 3）→（く, 2）→（き, 1）→
（か, 1）→（お, 2）→（お, 1）

マン太

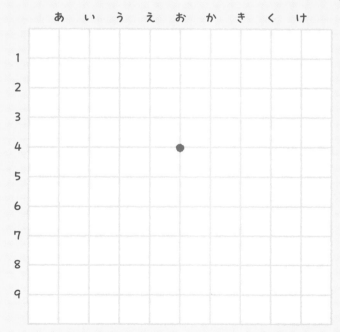

答え
▶98ページ

といた感想

マン太においつけ！計算めいろ

マン太をおいかけていたら、まよっちゃった…。
ルールのとおりに進んで、ゴールを見つけよう。
同じ道は通れないよ。

お手本

・+3 ➡ −1 ➡ …となるように進む。
・全部で5つ数字を通る。

スタート♡

```
 1 ─ 4   5
 +3  -1
 5   3 ─ 6
       +3  -1
 2   5   5
```

ゴール

ルール

・スタートの「4」から +4 ➡ −2 ➡ +4 ➡ −2…となるように進む。
・スタートの「4」も合わせて、全部で 7つ数字を通る。

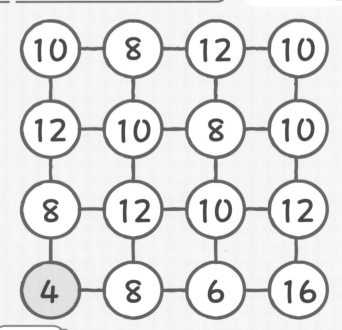

```
 10 ─ 8 ─ 12 ─ 10
 │    │    │    │
 12 ─ 10 ─ 8 ─ 10
 │    │    │    │
 8 ─ 12 ─ 10 ─ 12
 │    │    │    │
 4 ─ 8 ─ 6 ─ 16
```

スタート▲

答え
▶98ページ

といた感想

マン太にちょうせん！図形パズル

下の図形は、すべて同じ2しゅるいの図形を組み合わせてできているよ。どんな図形かな？　回転させた図形はあるけれど、うらがえしてはいないよ。

かたほうに色をぬって考えてみてね

お手本

答え

と

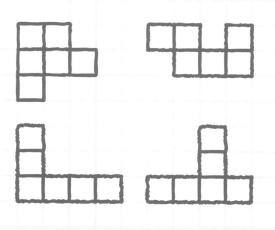

答え

と

答え ▶98ページ

さくらっこと
足し算めいろ

お手本のように数字を3つ足して10になる
マスを進んで、ゴールをめざそう。同じマス
は通れないよ。ななめにも進めないよ。

これ、お気に入りの
サクラガイ

さくらっこ

お手本

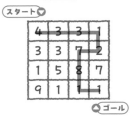

スタート▼			
4	3	3	1
3	3	7	2
1	5	8	7
9	1	1	1

▲ゴール

「4+3+3=10」「1+2+7=10」
「8+1+1=10」と進んでゴール

スタート▼

1	2	7	3	4	8
3	4	5	6	3	9
5	8	1	8	1	2
1	9	5	9	4	3
2	5	2	6	2	1
4	9	3	1	1	8

▲ゴール

答え
▶98ページ

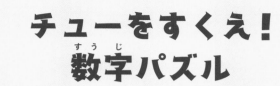

チューをすくえ！
数字パズル

チューが森にあったわなにひっかかっちゃった！ 〇に数字を入れて、チューをたすけ出そう。お手本と同じように、あいた丸には、横・ななめでそれぞれ同じ数ずつ足したり引いたりした数が入るよ。

お手本

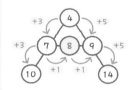

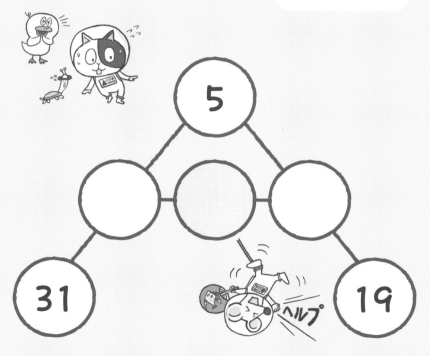

答え
▶98ページ

ウミウシボーイズの もとへ！ 九九めいろ

九九の7のだんの答えを通って、ウミウシボーイズがいるゴールをめざそう。
同じマスは通れないよ。ななめにも進めないよ。

スタート ▼

7	35	56	21	48
29	47	42	37	41
21	54	14	32	57
45	81	63	21	49
49	33	28	25	28

△ ゴール

ウミウシボーイズ

おれたちと
計算しようよ☆

かっこいい

答え
▶99ページ

すってんころりん！数字カードならべ

ウーがころんで、道にあった計算カードをバラバラにしてしまった…。
□にカードをあてはめて、正しい式にしよう。
数字カードは1回だけつかうよ。

答えの数から考えていくといいでっす

□ + □ + □ = □□

数字カード

| 1 | 2 | 3 | 4 | 5 |

答え
▶99ページ

くだものは何？
図形ペアさがし

図形のまわりの線の長さが、同じ組み合わせを見つけて
くだものの名前を3つつくろう。マス目の縦と横の長さは同じだよ。

秋にとれる
おいしいものだよ

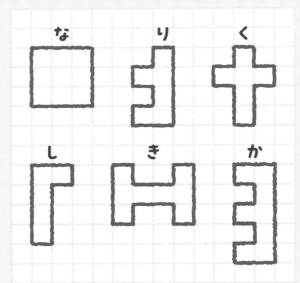

答え

答え
▶99ページ

ミス・スミスの ナビめいろ

森の中でまよっちゃった…。ミス・スミスのナビのとおりに進んで、めいろのゴールをめざそう。どの道を進めばいいかな？

しっかり
ついてきて
ちょうだい！

お手本

ナビ
右に2マス
下に3マス
右に1マス

ナビ

下に1マス

右に2マス

上に1マス

右に1マス

下に3マス

右に1マス

下に2マス

左に2マス

下に1マス

右に3マス

下に1マス

右に2マス

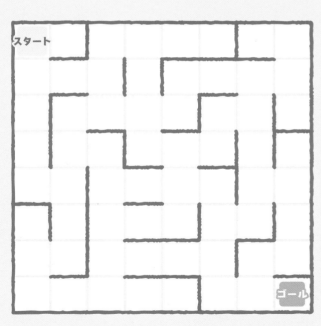

答え
▶**99**ページ

いたずらトリオ登場!
虫くい数字パズル

トリオ・ザ・サンスーが数字をとっちゃった! □に入る数字は何かな?
数字がどんなルールでならんでいるかを、考えてみよう。

う ——— ん

> 7から10に
> なっているから…

| 1 | | 7 | 10 | | 16 | |

答え
▶99ページ

ケロックたちの
ごはんさがし

九九の6のだんの答えのマスを全部ぬりつぶそう。
ケロックたちの今日のごはんが出てくるよ。

23	40	42	18	54	34	22
31	30	41	32	14	12	49
54	26	46	2	47	15	36
6	17	45	29	25	52	24
35	36	42	30	54	48	53
39	21	12	48	6	38	19
27	37	24	54	18	28	55

そのへんに
たくさん
はえてるぜ

ケロック

答え
▶99ページ

タマーズと進め！ 九九立体めいろ

タマーズと、ケロックがいるゴールをめざそう。九九の答えにない数字を通るよ。同じマスは通れないよ。ななめにも進めないよ。

タマーズ

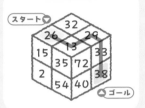

九九を声に出してみよう

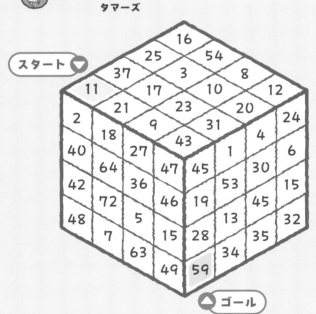

子どもたち！パパはここだぜ

答え ▶ 100ページ

森ステージも後半！数字パズル

森の中をだいぶ進んだよ。□に数字を入れよう。お手本のように、縦・横・ななめで、それぞれ同じ数ずつ足したり引いたりされているよ。

算数が楽しくなってきたんじゃないですかな？

お手本

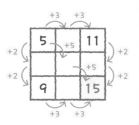

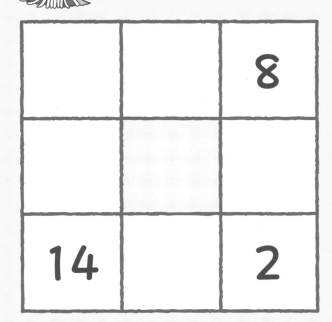

答え
▶ 100 ページ

トリオを追いかけろ！マークめいろ

○➡×➡△のじゅんばんに進んで、トリオ・ザ・サンスーのいるゴールをめざそう！ 同じマスは通れないよ。ななめにも進めないよ。

マークで
目が回る〜

お手本
スタート▽
ゴール△

スタート▽

○	×	×	○	△	○	×	×
△	○	△	×	×	○	△	○
○	○	×	△	○	×	○	○
○	○	×	○	×	○	×	×
×	△	×	△	△	○	△	○
○	△	○	○	×	×	×	△
△	×	△	○	△	△	○	×
○	×	○	×	○	○	△	△

△ ゴール

答え
▶ 100 ページ

さくらっこと
図形あつめ

木の実をあつめると、円が手に入るよ。下のようにお花をつくるには、
木の実を全部で何こあつめるといいかな？

ルール

・大きい円1こは、木の実5こで手に入る。

・大きい円1こは、小さい円1こより、木の実が2こ多くいるよ。

大きい円と
小さい円で
それぞれ何こいるか
考えましょ

答え

□ こ

答え
▶ 100 ページ

ウーとチューは何番目？ すいりクイズ

今日は森のおまつり！　ウーとチューもさっそく出店にならんでいるよ。
全部で何人ならんでいて、2人は前から何番目にいるかな？
みんなのコメントから考えよう。

ウーの後ろには3人いるよ

チューの前に5人いるよ

ウーとチューの間には
1人いるよ

みんな前をむいてならんでおりますな

人数は10人より少ないでっすね

全部で

 ウー

 チュー

人

番目

番目

答え
▶101ページ

出店のゲームも
数字パズル

おまつりにはゲームがたくさん！　〇にあてはまる数字は何だろう？　お手本と同じように、あいた丸には、横・ななめでそれぞれ同じ数ずつ足したり引いたりした数が入るよ。

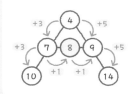

ゲームも算数…！

おまつり
楽しんでるかい！

オドルフィン

答え
▶101 ページ

サイコロ
組み立てクイズ

下の5つの図形の中に、組み立てて、サイコロがつくれないものが
1つあるよ。どれかな?

く　　　　　　さ　　　　　　だ

ん

ご

答えのひらがなは
研究所のキーワードに
つかうぞ!

キーワード

答え
▶101ページ

わなげの点数は？すいりクイズ

ウーとチューが、おまつりでわなげにチャレンジ！
チューは何点の棒に、何このわっかを入れて、
合計は何点だったのかな？　みんなのコメントから考えよう。

棒は1点、2点、3点の3本あるよ

わっかは全部で3こなげられるよ

ウーはわっかを2こ、
棒に入れられたよ

チューの合計点数は、
ウーの3倍だ

	1点	2点	3点	合計点数
ウー	1	1		3
チュー				

答え
▶ 101 ページ

出口まであと1歩！点つなぎ

「2」からスタートして、2ずつ足した数字を線でつないでいこう。最後は「2」にもどるよ。出てきたものが、森の出口まであんないしてくれるよ。

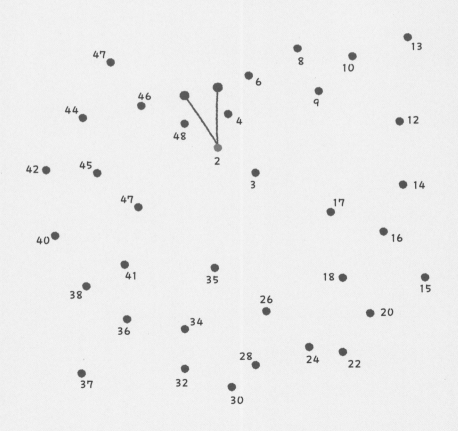

答え ▶101ページ

いせき
のゾーン

次は昔にたてられた、
いせきの中を進んでいくよ。
中はくらくて、いろんなしかけがあるから、
気をつけてね！

古代いせきの中へ！
計算めいろ

中に入ると、さっそくめいろが…！　ルールのとおりに進んで、ゴールを見つけよう。同じ道は通れないよ。

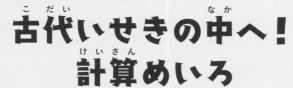

お手本

・＋3 ➡ −1 ➡ …となるように進む。
・全部で5つ数字を通る。

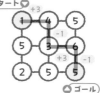

ルール

・スタートの「13」から−1 ➡ ＋3 ➡ −1 ➡ ＋3…となるように進む。
・スタートの「13」も合わせて、全部で8つ数字を通る。

スタート▽

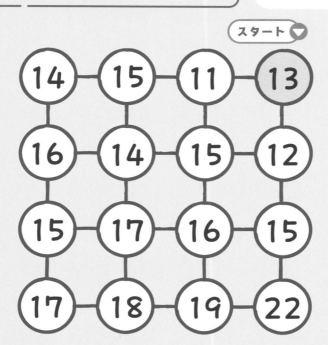

答え
▶ **101** ページ

カメラータの
数字パズル

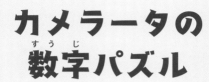

写真ずきなカメラータが問題を出してきたよ。□に数字を入れよう。お手本のように、縦・横・ななめで、それぞれ同じ数ずつ足したり引いたりされているよ。

お手本

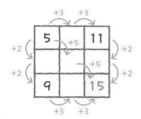

```
        +3    +3
    ┌─────┬─────┬─────┐
+2  │  5  │ +5  │ 11  │ +2
    ├─────┼─────┼─────┤
    │     │     │ +5  │
+2  │     │     │     │ +2
    ├─────┼─────┼─────┤
    │  9  │     │ 15  │
    └─────┴─────┴─────┘
        +3    +3
```

いいね～

カメラータ

	3	
8		
11		

答え
▶ 102 ページ

イケメンダコの
足し算めいろ

お手本のように数字を3つ足して10になるマスを進んで、イケメンダコのいるゴールをめざそう。同じマスは通れないよ。ななめにも進めないよ。

写真とらせて！

お手本

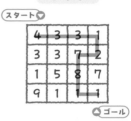

スタート▽

4	3	3	1
3	3	7	2
1	5	8	7
9	1	1	1

△ゴール

「4+3+3＝10」「1+2+7＝10」
「8+1+1＝10」と進んでゴール

スタート▽

5	2	4	5	2	1
9	3	7	6	5	9
3	6	5	4	3	3
1	8	1	1	5	7
7	4	7	2	9	2
5	3	4	3	8	1

△ゴール

ここまでおいで〜♪

イケメンダコ

答え
▶ **102**ページ

いざ、次の部屋へ！
図形ペアさがし

図形のまわりの線の長さが、同じ組み合わせを見つけて
鳥の名前を3つつくろう。答えがわかると、次の部屋に進めるよ。
マス目の縦と横の長さは同じだよ。

ななめの辺に
注目してごらん

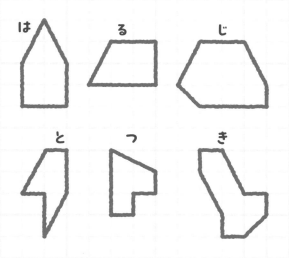

答え

答え
▶102ページ

くるくるパシャパシャ 図形パズル

下の図形は、すべて同じ2しゅるいの図形を組み合わせてできているよ。どんな図形かな？ 回転させた図形はあるけれど、うらがえしてはいないよ。

いいね～

お手本

答え

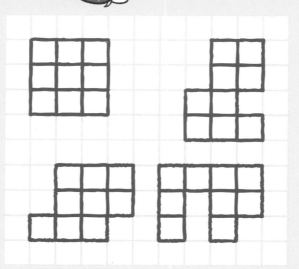

答え

と

答え ▶ 102 ページ

いせきでまいご!? ナビめいろ

カズール3世のナビのとおりに進んで、めいろのゴールをめざそう。どの道を進めばいいかな?

ゆっくり
進むんじゃぞ

お手本

ナビ
右に2マス
下に3マス
右に1マス

ナビ

右に3マス
下に2マス
左に5マス
上に4マス
右に1マス
上に1マス
右に3マス
上に1マス
右に2マス

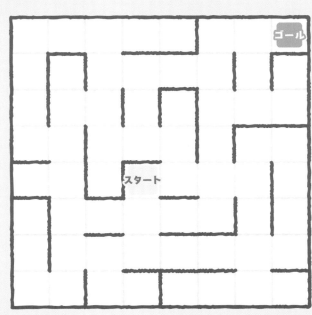

答え ▶102ページ

長さの単位は？
じゅんばん立体めいろ

長さの単位になるように文字をたどって、ゴールをめざそう。
同じマスは通れないよ。ななめにも進めないよ。

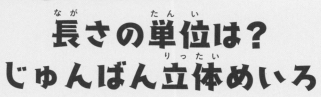

通る
じゅんばん

1 m（メートル） → 1 cm（センチメートル） → 1 mm（ミリメートル）

100分の1
（1m = 100cm）

10分の1
（1cm = 10mm）

（1m = 1000mm）

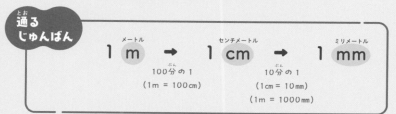

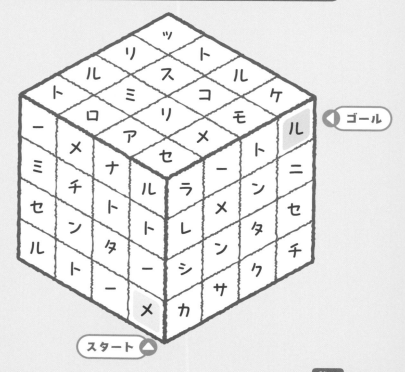

ゴール

スタート

答え
▶ 102 ページ

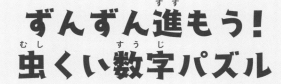

ずんずん進もう！
虫くい数字パズル

□に入る数字は何かな？　正しい数字を入れると、
とびらがひらいて進めるよ。
数字がどんなルールでならんでいるかを、考えてみよう。

となりの数は
1、2、4、8…
とふえているわね

| 1 | 2 | 4 | 8 | 16 | | |

答え
▶103ページ

2つ目の文字を
ゲットしよう!

九九の4のだんの答えのマスをぬりつぶそう。
研究所のとびらをあけるキーワードのひらがなが出てくるよ。

24	21	7	14	12	18
32	42	17	28	4	32
4	5	3	1	8	45
28	6	18	15	36	2
16	30	23	9	24	35
36	7	10	16	20	30

キーワードは
これで2つめ!

🔑 キーワード

答え ▶103ページ

ヤドカリのひっこし マークめいろ

○ ➡ × ➡ △のじゅんばんに進んで、ゴールをめざそう！ 同じマスは通れないよ。ななめにも進めないよ。

お手本

スタート

○	×	△	△
×	○	○	×
△	△	×	○
×	○	○	△

ゴール

新しい家を
さがしに行くよ〜

ヤドカリファミリー

スタート ▶

○	△	△	○	○	×	△	○
×	△	○	○	×	○	△	×
○	△	△	×	×	○	×	○
△	×	×	○	△	△	△	○
○	○	×	×	○	×	×	×
×	×	△	○	△	×	△	○
△	○	△	×	△	○	△	×
△	○	△	×	△	○	×	△

◀ ゴール

答え
▶ 103 ページ

古い絵のかかれた とびらをひらけ！

とびらをひらくには、絵の中の円１こ分の回数手をたたかなければ
いけないよ。何回手をたたけばいいかな？

ルール

- 絵の全体では53回手をたたくよ。
- 三角形1こには、7回手をたたくよ。
- 三角形1こには、四角形1こより、1回多く手をたたくよ。

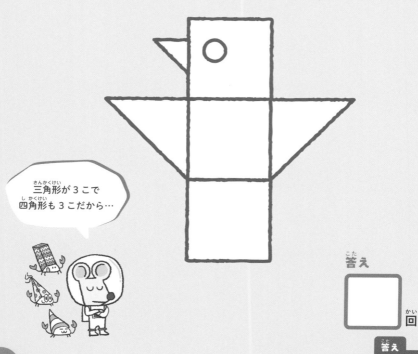

三角形が３こで
四角形も３こだから…

答え

□ 回

答え
▶ 103 ページ

わなをこえろ！
数字パズル

とびらをひらいて進んでいると、わなが…。
○に数字を入れて、わなをとこう。お手本
と同じように、あいた丸には、横・ななめ
でそれぞれ同じ数ずつ足したり引いたりし
た数が入るよ。

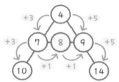

お手本

わな!?

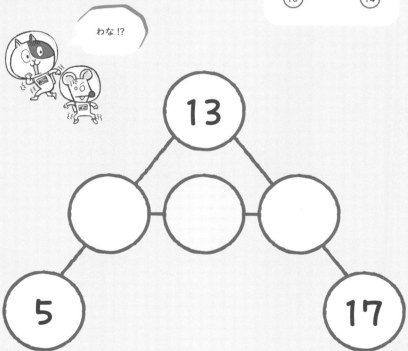

答え
▶ 103 ページ

ピラミッドはどれ？
立体組み立てクイズ

進んだ先には、ピラミッドがたくさん！ 下の5つの図形の中に、
組み立てて、ピラミッドがつくれるものが3つあるよ。
答えの文字を組み合わせて、3文字の食べものをつくろう。

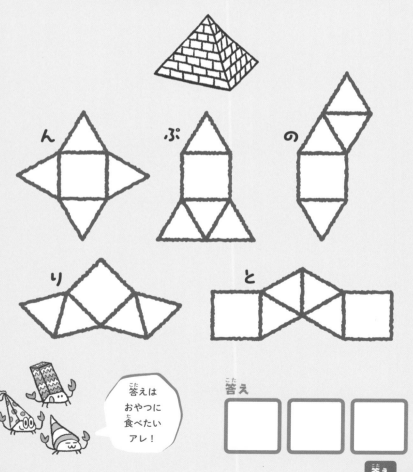

答えは
おやつに
食べたい
アレ！

答え

答え
▶ **103** ページ

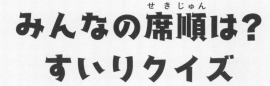

みんなの席順は?
すいりクイズ

いすとテーブルをはっけん! ちょっと休んで、お昼ごはんにしよう。
みんなどこにすわっているかな? みんなのコメントから考えよう。

カズール3世

わたしのとなりは、ウーでもチューでもないぞ

カズール3世のむかいにすわっているよ

チュー

となりはカズール3世。むかいはククだよ

タス

ウーのむかいにすわっているよ

ヒク

右がわにヒクがすわっているよ

クク

ウー

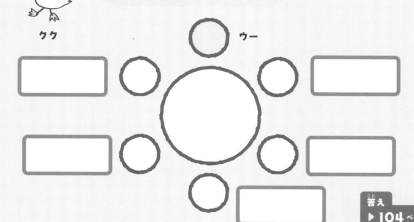

答え
▶ 104 ページ

とびらをひらくには？
マス目点つなぎ

チューの言うように点を書いて、じゅんばんに線でつなごう。
次のとびらをあけるためのアイテムが出てくるよ！

（え,1）➡（う,2）➡（う,3）➡（え,4）➡（え,9）➡
（お,9）➡（お,8）➡（か,8）➡（か,7）➡（お,7）➡
（お,6）➡（か,6）➡（か,5）➡（お,5）➡（お,4）➡
（か,3）➡（か,2）➡（お,1）➡（え,1）

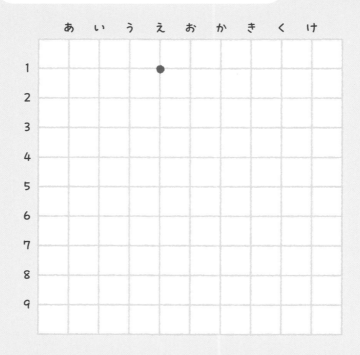

答え
▶ 104 ページ

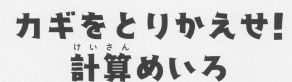

カギをとりかえせ！
計算めいろ

せっかくカギを手に入れたのに、トリオ・ザ・サンスーにうばわれてしまった！　ルールのとおりに進んで、トリオがかくれるゴールを見つけよう。同じ道は通れないよ。

ルール

・スタートの「9」から+6 ➡ −2 ➡ +6 ➡ −2…となるように進む。

・スタートの「9」も合わせて、全部で9つ数字を通る。

お手本

・+3 ➡ −1 ➡ …となるように進む。
・全部で5つ数字を通る。

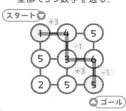

スタート▼

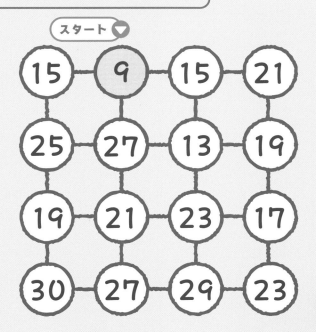

答え
▶ **104** ページ

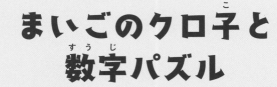

まいごのクロ子と数字パズル

道にまよったクロ子に会ったよ。□に数字を入れて、いっしょに先に進もう。お手本のように、縦・横・ななめで、それぞれ同じ数ずつ足したり引いたりされているよ。

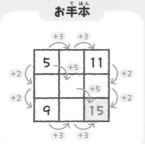

お手本

	+3	+3	
+2	5	+5 11	+2
+2		+5	+2
	9	15	
	+3	+3	

いせきの中ってくらくてこわい…

クロ子

		9
26		
33		

答え
▶**104**ページ

3つ目の文字は？
点つなぎ

「3」からスタートして、3ずつ足した数字を線でつないでいこう。
文字が出てくるよ。最後は「3」にもどる。
文字は研究所のとびらのキーワードにつかうよ。

🔑 キーワード

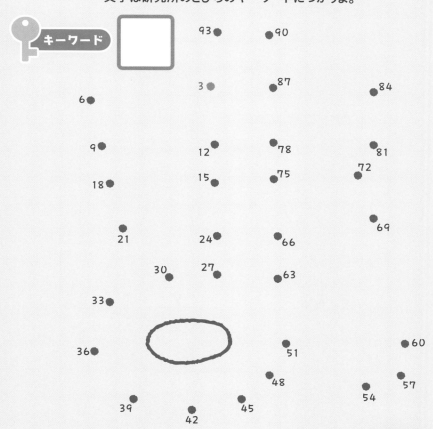

▶ 104 ページ
答え

ライトの道あんない 九九めいろ

くらい部屋にやってきたよ。ライトのあかりで前に進もう。
九九の6のだんの答えを通って、ゴールをめざそう。
同じマスは通れないよ。ななめにも進めないよ。

ライト

こっちに
進むといいよ

スタート ▽

6	42	33	36	47
28	24	18	48	49
36	31	13	30	54
12	18	43	17	12
53	15	54	81	36

△ **ゴール**

答え
▶ 104 ページ

せきばんを解読！図形パズル

同じ2しゅるいの形を組み合わせてできた、せきばんがあるよ。どんな形かな？　回転させた形はあるけれど、うらがえしてはいないよ。

なかよくなってる

お手本

答え

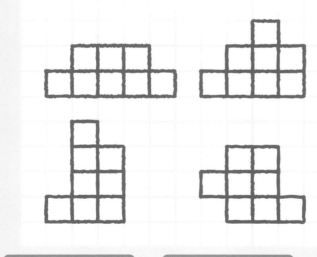

答え

[　　　] と [　　　]

答え
▶ **105** ページ

53

次のとびらをあけろ！
数字カードならべ

次のとびらをあけるために、□にカードをあてはめて、正しい式にしよう。
数字カードは1回だけつかうよ。

$$\square + \square + \square + \square = \square\square$$

数字カード

1	2	3	4	5	6

答えの
十の位には
1か2が
入りそうでっす

答え
▶105ページ

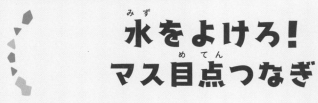

水をよけろ！
マス目点つなぎ

とびらがひらくと、天井から水がふってきた！　ウーの言うように点を
書いて、じゅんばんに線でつなごう。水をよけるアイテムをゲットできるよ！

（お, 5）➡（か, 4）➡（き, 5）➡（く, 4）➡（け, 5）➡
（け, 4）➡（く, 2）➡（か, 1）➡（え, 1）➡（い, 2）➡
（あ, 4）➡（あ, 5）➡（い, 4）➡（う, 5）➡（え, 4）➡
（お, 5）➡（お, 9）➡（え, 9）

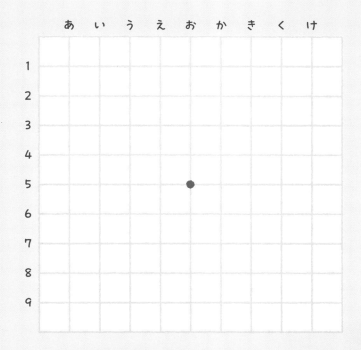

答え
▶**105**ページ

ライトアップ
数字パズル

ライトがてらす〇に数字を入れよう。お手本と同じように、あいた丸には、横・ななめでそれぞれ同じ数ずつ足したり引いたりした数が入るよ。

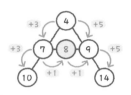
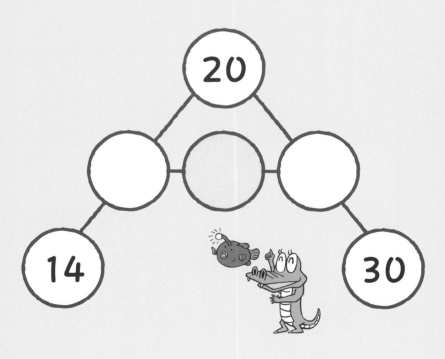

答え
▶105ページ

図形の名前は？
じゅんばん立体めいろ

下にある図形の名前になるように文字をたどって、ゴールをめざそう。
同じマスは通れないよ。ななめにも進めないよ。

通る
じゅんばん

三角形 → 四角形 → 円

△ → □ → ○

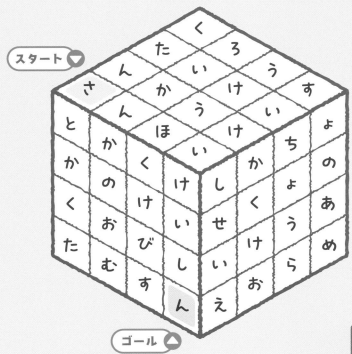

スタート

ゴール

答え
▶ **105** ページ

せきばんの数字は？
虫くい数字パズル

トリオ・ザ・サンスーが数字のせきばんをとっちゃった！
□に入る数字は何かな？
数字がどんなルールでならんでいるかを、考えてみよう。

あててみなー！

| 1 | 2 | 4 | | 11 | 16 | |

最初は
1 ふえて
次は 2 ふえて
いるから…

答え
▶ 105 ページ

いせきにかくされた マークめいろ

○ → × → △のじゅんばんに進んで、ゴール
をめざそう！ 同じマスは通れないよ。なな
めにも進めないよ。

お手本

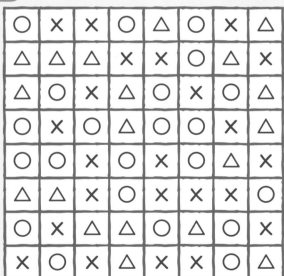

スタート ▽

ゴール

答え
▶ 106 ページ

像ができるのはどれ？
立体組み立てクイズ

大きな石の像が立っている。下の４つの図形の中に、組み立てて
像がつくれないものが１つあるよ。どれかな？
答えの文字を書くと、次の部屋に進むヒントが出てくるよ。

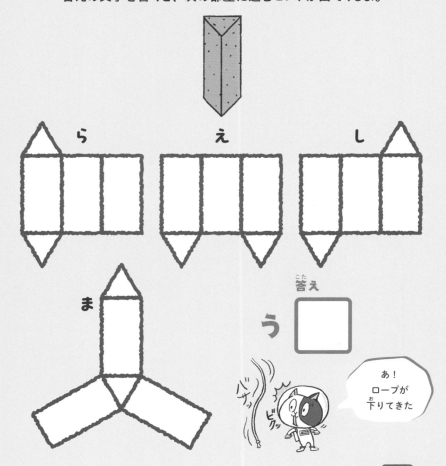

らえしまう

答え

あ！
ロープが
下りてきた

答え
▶106ページ

トシゴのもとへ！
足し算めいろ

お手本のように数字を3つ足して10になるマスを進んで、トシゴのいるゴールにタツノをつれて行ってあげよう。同じマスは通れないよ。ななめにも進めないよ。

お手本

スタート ♥

4	3	3	1
3	3	7	2
1	5	8	7
9	1	1	1

◁ ゴール

「4＋3＋3＝10」「1＋2＋7＝10」
「8＋1＋1＝10」と進んでゴール

いま行くからね！

タツノ

スタート ♥

8	1	1	2	3	5
1	2	4	1	6	8
1	2	5	3	7	2
7	3	3	4	4	6
2	6	2	3	8	9
1	3	1	7	1	2

△ ゴール

トシゴ

答え
▶ **106** ページ

かくれている動物は？
点つなぎ

「8」からスタートして、8ずつ足した数字を
線でつないでいこう。最後は「8」にもどるよ。
出てきた動物が、次の場所にあんないしてくれるよ。

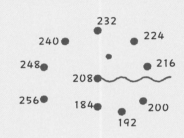

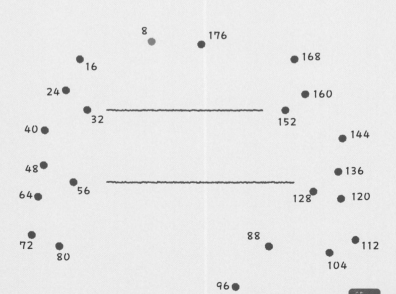

232
240
224
248
216
208
256
184 200
192

8 176
16 168
24 160
32 152
40 144
48 136
64 56 120
128
72 88 112
80 104
96

答え
▶106ページ

トシゴとタツノの ナビめいろ

またまためいろが…。トシゴとタツノの
ナビのとおりに進んでゴールをめざそ
う。どの道を進めばいいかな？

お手本

ナビ

みぎ
右に2マス
した
下に3マス
みぎ
右に1マス

ナビ

ひだり
左に1マス
うえ
上に1マス
みぎ
右に3マス
した
下に3マス
ひだり
左に2マス
した
下に2マス
みぎ
右に3マス
うえ
上に2マス
みぎ
右に2マス
した
下に2マス
みぎ
右に1マス
うえ
上に3マス
ひだり
左に3マス
うえ
上に1マス
みぎ
右に3マス
うえ
上に2マス
ひだり
左に1マス
した
下に1マス
ひだり
左に2マス
うえ
上に1マス
ひだり
左に1マス

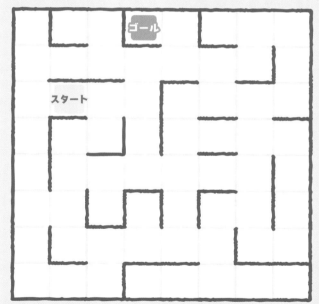

答え
▶ 106 ページ

とびらが2つ
出口はどっち？

いせきの出口らしきとびらが2つあるよ。
九九の7のだんの答えのマスを
ぬりつぶそう。どちらのとびらが
正しい出口かがわかるよ。

これが
最後ですぞ！

30	72	83	49	72	43	15
43	12	27	35	21	54	37
35	56	7	63	42	35	53
28	49	14	28	49	56	49
21	63	42	7	14	63	22
5	6	23	21	56	20	71
19	17	18	35	8	11	19

やった〜！
出られた！

答え
▶ 106 ページ

湖のゾーン

みずうみ

湖の上をわたるわよ！　まずは、
ふねをつくるところからスタート！
水中にもいろんななかまがいるわ！

ふねをつくろう！
図形あつめ

下の図のような、ふねをつくって湖を進むよ。図形は貝がらをあつめると、手に入るよ。貝がらを全部で何こあつめるといいかな？

ルール

- 円1こは、貝がら5こで手に入るよ。
- 長方形1こには、円5こ分の貝がらがいるよ。大きさがちがっても、1こ分は同じ数で手に入るよ。
- 三角形1こには、円1こより、貝がらが5こ多くいるよ。
- 長方形1こには、正方形1こより、貝がらが5こ多くいるよ。

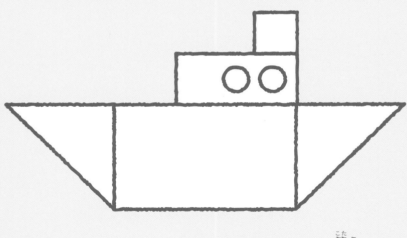

ふねで行くのか〜楽しみ！

答え

☐ こ

アメンボーヤの わっか数字パズル

水面にアメンボーヤのつくったわっかが。〇に数字を入れてパズルをとこう。お手本と同じように、あいた丸には、横・ななめでそれぞれ同じ数ずつ足したり引いたりした数が入るよ。

お手本

すいっと といてね

アメンボーヤ

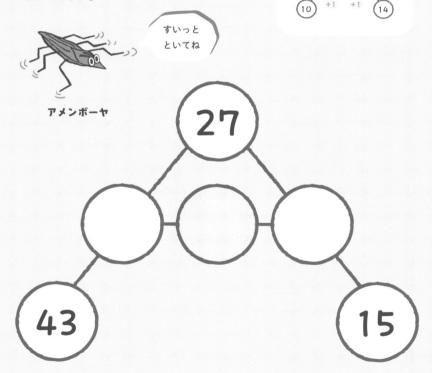

答え ▶107ページ

アメンボーヤの 図形ペアさがし

こんどは、アメンボーヤが水面に図形をかいたよ。
図形のまわりの線の長さが、同じ組み合わせを見つけて
魚の名前を3つつくろう。マス目の縦と横の長さは同じだよ。

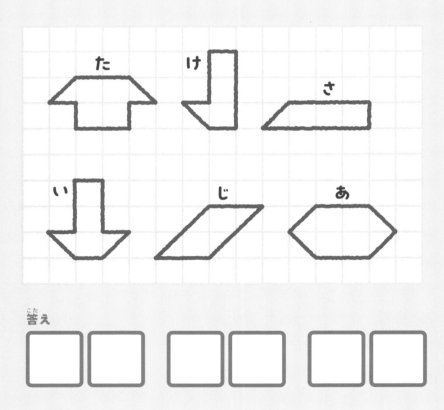

答え

☐ ☐ ☐ ☐ ☐ ☐

答え
▶107ページ

ぷかぷかうき板 数字パズル

湖にうかんだ板に問題が書かれていたよ！□に数字を入れよう。お手本のように、縦・横・ななめで、それぞれ同じ数ずつ足したり引いたりされているよ。

お手本

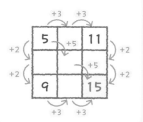

2	7	
8		

答え ▶ **107** ページ

69

九九めいろ アイランド

湖にうかぶ小島にめいろが！　九九の8のだんの答えを通って、ゴールをめざそう。同じマスは通れないよ。ななめにも進めないよ。

上陸だ～！

スタート ▽

8	18	32	42	32
40	64	56	16	24
32	14	36	72	44
72	24	22	32	45
63	8	26	48	24

△ ゴール

答え
▶107ページ

何がぶつかった？
マス目点つなぎ

うわ！　何かがぶつかって、ふねがゆれたよ。
チューの言うように点を書いて、じゅんばんに線でつなごう。
ぶつかってきたものが出てくるよ！

（お,7）➡（か,7）➡（く,5）➡（け,6）➡
（け,4）➡（く,5）➡（か,3）➡（お,3）➡
（お,2）➡（え,3）➡（う,3）➡（あ,5）➡
（う,7）➡（え,7）➡（お,8）➡（お,7）

ゴツン

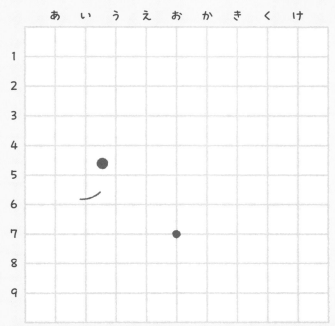

答え
▶107 ページ

あわの中の計算めいろ

ひらめき **59**

といた感想

湖の中にたくさんのあわが発生！よく見たら、めいろになっているよ。ルールのとおりに進んで、ゴールを見つけよう。同じ道は通れないよ。

ルール

・スタートの「5」から−3 ➡ +4 ➡ −3 ➡ +4…となるように進む。
・スタートの「5」も合わせて、全部で8つ数字を通る。

お手本

・+3 ➡ −1 ➡ …となるように進む。
・全部で5つ数字を通る。

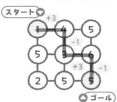

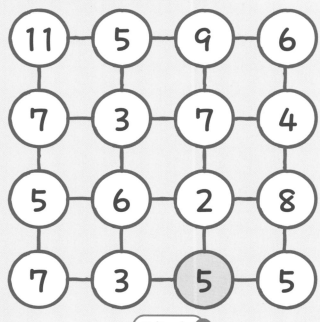

スタート

答え ▶ 108ページ

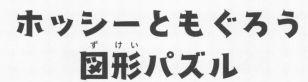

ホッシーともぐろう
図形パズル

下の図形は、すべて同じしゅるいの図形を
2つ組み合わせてできているよ。どんな図
形かな？　回転させた図形はあるけれど、
うらがえしてはいないよ。

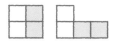

ここからは
水の中に
入って行くよ～

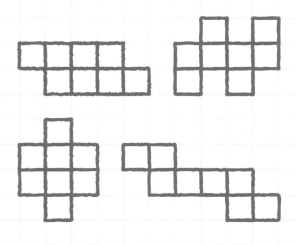

答え

と

答え
▶ **108** ページ

ブラボウとパーティー
虫くい数字パズル

水の中をもぐっていくと、ブラボウたちがパーティーをしていたよ。
でも、ここでも問題…。□に入る数字は何かな？
数字がどんなルールでならんでいるかを、考えてみよう。

さくっと
といて
おどろうぜ！

| 1 | 4 | 9 | 16 | | 36 | |

ジュースのかさは？
じゅんばん立体めいろ

パーティーでは、いろいろなジュースでかんぱい！　ジュースなどの
「かさ」の単位になるように文字をたどって、ゴールをめざそう。
同じマスは通れないよ。ななめにも進めないよ。

通る
じゅんばん

リットル　　　　　　　デシリットル　　　　　　ミリリットル
1 L　➡　1 dL　➡　1 mL
　　　10分の1　　　　100分の1
　　　(1L = 10dL)　　(1dL = 100mL)
　　　　　　　　　　　(1L = 1000mL)

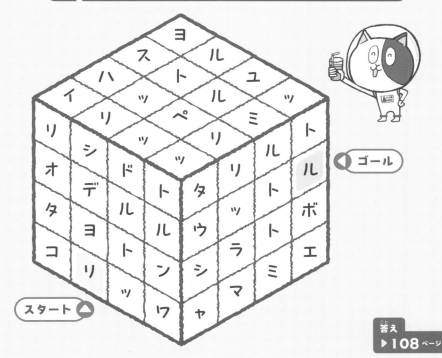

ゴール

スタート

答え
▶108ページ

ちょいむず！
数字カードならべ

パーティーのフィナーレにぴったりなスペシャル問題！ □にカードをあてはめて、正しい式にしよう。数字カードは1回だけつかうよ。

長〜い式になるわね

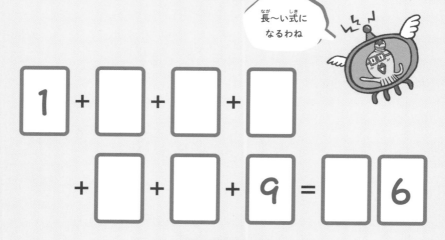

$$1 + \square + \square + \square + \square + \square + 9 = \square\ 6$$

数字カード

| 1 | 2 | 3 | 4 | 5 | 6 | 7 | 8 | 9 |

ここまで来たんだからできるさ！

答え
▶**108**ページ

ふわふわの
正体は何だろう？

パーティー会場を出ると、ふわふわ光るきれいなものが…。
九九の3のだんの答えのマスをぬりつぶそう。ふわふわの正体が出てくるよ。

ふわふわの
正体は水中の
人気者ですぞ

28	5	12	3	9	25	14
19	27	10	35	11	18	20
15	16	25	19	28	35	3
24	7	17	8	14	4	21
14	18	9	24	27	12	28
13	6	10	3	28	21	19
21	16	35	12	17	25	9

答え
▶108ページ

ジェリーといっしょに マークめいろ

ふわふわの正体、クラゲのジェリーとめいろに来たよ。○➡×➡△のじゅんばんに進んで、ゴールをめざそう！　同じマスは通れないよ。ななめにも進めないよ。

お手本

ハーイ♪
いっしょに
行きましょ♪

ジェリー

スタート ▼

○	×	○	△	○	△	○	△
×	△	×	△	×	×	○	○
△	△	○	○	○	△	×	△
○	×	△	○	○	△	○	△
×	△	△	△	○	○	△	○
○	○	○	△	○	×	○	△
△	×	△	△	○	△	△	×
△	×	○	○	×	○	×	△

◀ ゴール

答え
▶ **109** ページ

ぶくぶくあわから 4つ目の文字！

ぶくぶく…小さなあわと数字が見えるよ。「7」からスタートして、
7ずつ足した数字を線でつないでいこう。最後は「7」にもどるよ。
出てきた文字は研究所のとびらのキーワードにつかうよ。

キーワード

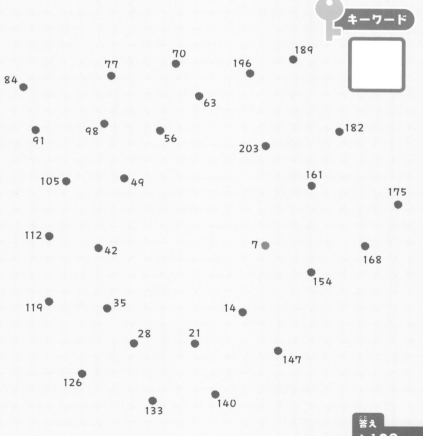

84　77　70　196　189

63

91　98　56　203　182

105　49　161

175

112　42　7　168

154

119　35　14

28　21　147

126　140

133

答え
▶**109** ページ

トリオの学校で すいりクイズ

水から上がると、そこはトリオ・ザ・サンスーの通う学校！
タスは何色のぼうしをかぶっているかな？
みんなのコメントから考えよう。
※タス、ヒク、ククにも、それぞれのコメントが上からじゅんにきこえているよ。

ジェリー

3人は階段に立っていて、赤か白のぼうしをかぶっているわ。3人のうち、2人が同じ色のぼうしよ。

ヒクとククは同じ色のぼうしをかぶっているよ。

タス

そうなんだ。ククのぼうしは赤だよ。

ヒク

そうかぁ。これでみんなのぼうしの色がわかったね。

クク

あの3人見ないと思ったら…

後ろの子のぼうしは見えないわよ

後ろ

タス

ヒク

クク

前

答え

答え
▶ 109 ページ

さばく
のゾーン

ここが最後(さいご)のゾーンです。
あつさにまけずに行(い)きましょうね。
とちゅうにはオアシスがありまっす!

あつ～いさばくで
マス目点つなぎ

あ、あつい…。チューの言うように点を書いて、じゅんばんに線で
つなごう。すずしくなるチューのもちものが出てくるよ！

（い,6）→（き,6）→（く,5）→（く,3）→
（き,1）→（い,1）→（あ,3）→（あ,5）→
（う,7）→（え,7）→（え,9）→（お,9）→
（お,7）→（か,7）→（き,6）

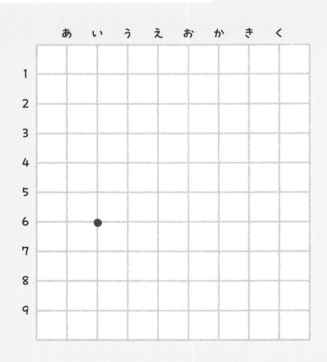

答え
▶109ページ

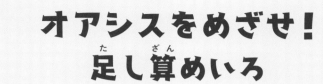

オアシスをめざせ！ 足し算めいろ

パズルをといて行くと、オアシスにつくんだって！　お手本のように、数字を3つ足して10になるマスを進んで、ゴールをめざそう。同じマスは通れないよ。ななめにも進めないよ。

お手本

スタート▼

4	3	3	1
3	3	7	2
1	5	8	7
9	1	1	1

◀ゴール

「4+3+3＝10」「1+2+7＝10」
「8+1+1＝10」と進んでゴール

オアシスは
すずし〜ん
だよ〜

コツメ

スタート ▼

6	2	2	3	4	7
2	7	3	3	5	3
5	3	4	8	6	4
8	7	5	7	1	2
2	1	8	9	5	9
5	2	3	6	3	1

◀ ゴール

答え
▶**109**ページ

砂に書かれた数字パズル

砂の上に問題が書かれていたよ。□に数字を入れてパズルをとこう。お手本のように、縦・横・ななめで、それぞれ同じ数ずつ足したり引いたりされているよ。

お手本

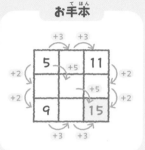

右側のまん中の数字から考えるのよ

		6
33		
		12

答え
▶109ページ

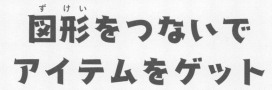

図形をつないで アイテムをゲット

さばくを進んでいると、のどがかわくなぁ。5つのアイテムを、
それぞれ上・横から見た形を、線でつなごう。線が2本かさなった
ところの文字を組み合わせてできたものをゲットできるよ。

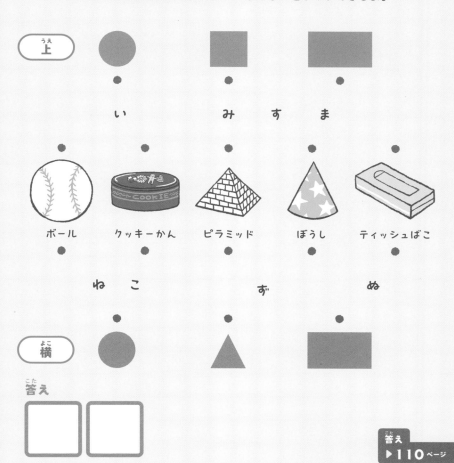

上

　　　　い　　　み　　　す　　　ま

ボール　　クッキーかん　ピラミッド　　ぼうし　　ティッシュばこ

　　ね　　こ　　　　　　ず　　　　　ぬ

横

答え

答え
▶110ページ

シャー九郎の
九九めいろ

九九の 9 のだんの答えを通って、シャー九郎のいるゴールをめざそう。
同じマスは通れないよ。ななめにも進めないよ。

スタート ▽

9	49	27	35	24
27	45	73	38	6
56	81	54	63	36
18	63	14	18	21
36	72	55	72	36

△ ゴール

オアシスまで
あんないするぞ

シャー九郎

答え
▶110ページ

オアシスの入口は？ 計算めいろ

このめいろをこえると、その先にオアシスが あるよ！ ルールのとおりに進んで、ゴール を見つけよう。同じ道は通れないよ。

ルール

- スタートの「11」から−5 ➡ +7 ➡ −5 ➡ +7…となるように進む。
- スタートの「11」も合わせて、全部 で7つ数字を通る。

お手本

- +3 ➡ −1 ➡…となるよう に進む。
- 全部で5つ数字を通る。

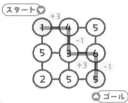

 スタート ▽

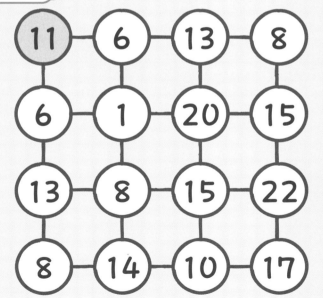

そこまで 行けば 休めるぞ

答え ▶110ページ

87

オアシスで九九カードパズル

カードが水にぷかぷかういていたよ。数字カードをつかって、九九の答えの数をあと3こつくろう。数字カードは1回だけつかうよ。

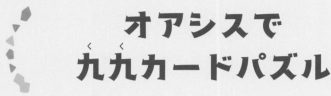

> きもちいい〜
> けど…
> また問題…

数字カード

0	1	2	3	4
5	6	7	8	9

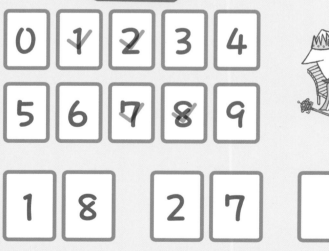

| 1 8 | 2 7 | | |

丸が大すき
オトセの数字パズル

丸にメロメロなオトセから出題！ ○に数字を入れよう。お手本と同じように、あいた丸には、横・ななめでそれぞれ同じ数ずつ足したり引いたりした数が入るよ。

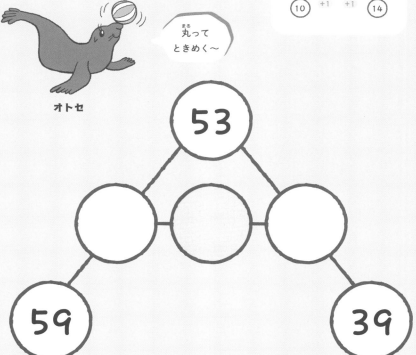

丸って
ときめく〜

オトセ

答え
▶ 110 ページ

ペンギンズと
屋根づくり

あと三角形１こ分の砂をあつめると、屋根がつくれるよ。
砂を何ばいあつめるといいかな？

ルール

・屋根と柱の全体で86ぱいの砂がいるよ。
・長方形2こで50ぱいの砂がいるよ。

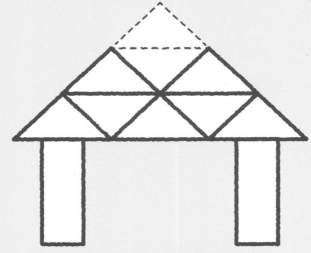

おれっちが
つくるぜ

ペンギンズ

答え

□ はい

答え
▶111ページ

90

屋根の下にいるのは？
すいりクイズ

ウー、チュー、カズール3世、プラッスで、じゅんばんに
屋根の下に入って休むよ。今は何時で、だれが屋根の下にいるかな？
みんなのコメントから考えよう。

ウー

チューは35分間いたよ。
チューが屋根の下から出た
5分後に、1人入ってきた

わたしが最初に入った。2時に入って、
10分たったら2人入ってきた

カズール3世

プラッス

今から10分前に入りました。
カズールさまには会ってないでっす

チュー

入って20分たったら、1人出て行ったよ

いい屋根だろ

答え

いるのは

時

答え
▶111ページ

図形の線や点は？
じゅんばん立体めいろ

図形の線や点などの名前になるように文字をたどって、ゴールをめざそう。
同じマスは通れないよ。ななめにも進めないよ。

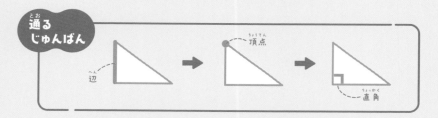

通る
じゅんばん

辺 → 頂点 → 直角

スタート ▽

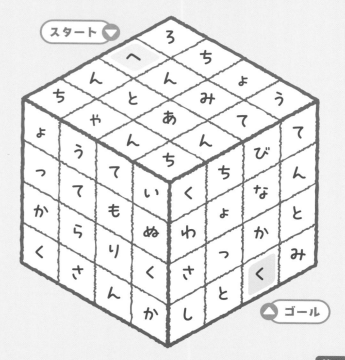

ゴール △

答え
▶111ページ

あと少し！
コツメのナビめいろ

全部のパズルをクリアするまで、あと少し！　コツメのナビのとおりに進んでゴールをめざそう。どの道を進めばいいかな？

お手本

ナビ

右に2マス
下に3マス
右に1マス

最後まで
しっかり
あんないするわ

ナビ

左に3マス
下に1マス
右に2マス
下に1マス
左に4マス
下に3マス
右に2マス
下に2マス
右に2マス
上に2マス
右に2マス
上に2マス
左に2マス
下に1マス
左に2マス
上に1マス

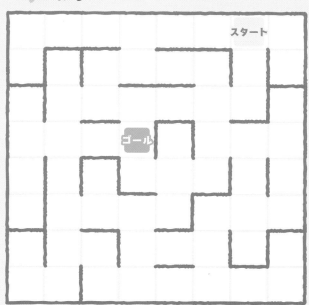

答え
▶ 111 ページ

最後の文字を
ゲットしよう！

九九の5のだんの答えのマスをぬりつぶそう。
出てきた文字は、研究所のとびらのキーワードにつかうよ。

13	21	41	30	45	27
8	15	16	57	3	48
54	5	61	12	36	1
56	20	10	35	25	58
23	34	19	24	45	59
62	15	35	10	20	46

 キーワード

や、やった…

研究所は
すぐそこ
でっすぞ〜！

答え
▶111ページ

研究所のとびらを
あけよう！

いままであつめた5このキーワードをならべかえて、
研究所のとびらをあけるじゅもんをつくろう！

あつめたキーワードを書いてみよう！

30ページ	42ページ	51ページ	79ページ	94ページ

↓

じゅもん

うーん

あ！
わかった！

▶▶ 答えは111ページ にあるよ！

たいへんだったけど算数が少しすきになった気がする〜

おっかれ〜

今度からは報告書をしっかりたのむわね

はーーい

また来てね〜♪

おせわになりました！

宇宙船の修理がおわり、2人はサンスー星からとび立った

数日後

ほうこくしょ

サンゴちゃん
きみのまわりには
15このほしが
かがやいているよ
3×5（サンゴ）＝15
なんちゃって　チュー

算数はできるようになったけど…

ファンレターじゃなく報告書を送りなさい

ちょっとチュー〜いる？ウ〜も！

答え

12ページ 森へしゅっぱつ！
数字パズル

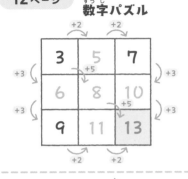

13ページ マン太の大好物は？
マス目点つなぎ

りんごが出てきたよ！

14ページ マン太においつけ！
計算めいろ

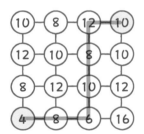

15ページ マン太にちょうせん！
図形パズル

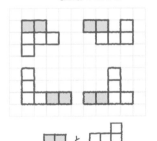

16ページ さくらっこと
足し算めいろ

17ページ チューをすくえ！
数字パズル

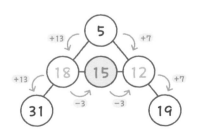

18ページ　ウミウシボーイズのもとへ！九九めいろ

7	35	56	21	48
29	47	42	37	41
21	54	14	32	57
45	81	63	21	49
49	33	28	25	28

19ページ　すってんころりん！数字カードならべ

3 + 4 + 5 = 1 2

左がわは、じゅんばんがちがっても正解。

20ページ　くだものは何？図形ペアさがし

な　し　　く　り　　か　き

3つのじゅんばんがちがっても正解。

21ページ　ミス・スミスのナビめいろ

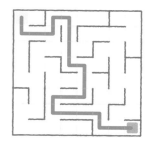

22ページ　いたずらトリオ登場！虫くい数字パズル

1　4　7　10　13　16　19

3ずつふえているよ！

23ページ　ケロックたちのごはんさがし

23	40	42	18	54	34	22
31	30	41	32	14	12	49
54	26	46	2	47	15	36
6	17	45	29	25	52	24
35	36	42	30	54	48	53
39	21	12	48	6	38	19
27	37	24	54	18	28	55

きのこが出てきたよ！

24ページ タマーズと進め！
九九立体めいろ

下の九九表も
見てみてね！

 25ページ 森ステージも後半！
数字パズル

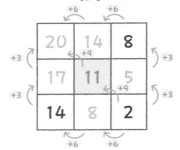

九九表

	1	2	3	4	5	6	7	8	9
1のだん	1	2	3	4	5	6	7	8	9
2のだん	2	4	6	8	10	12	14	16	18
3のだん	3	6	9	12	15	18	21	24	27
4のだん	4	8	12	16	20	24	28	32	36
5のだん	5	10	15	20	25	30	35	40	45
6のだん	6	12	18	24	30	36	42	48	54
7のだん	7	14	21	28	35	42	49	56	63
8のだん	8	16	24	32	40	48	56	64	72
9のだん	9	18	27	36	45	54	63	72	81

26ページ トリオを追いかけろ！
マークめいろ

27ページ さくらっこと
図形あつめ

 こ

大きな円は「15×5＝75」（もしくは
15＋15＋15＋15＝75）、小さな円は
3×3＝9。全部で75＋9＝84だよ。

28ページ ウーとチューは何番目？
すいリクイズ

全部で	ウー	チュー
7 人	4 番目	6 番目

前 ○○○○●○●○ 後ろ
　　　　　↑　　↑
　　　　　ウー　チュー

29ページ 出店のゲームも
数字パズル

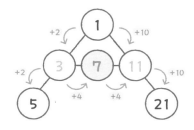

30ページ サイコロ
組み立てクイズ

組み立てても、
これだけサイコロが
つくれないよ！

31ページ わなげの点数は？
すいリクイズ

	1点	2点	3点	合計点数
ウー	1	1		3
チュー			3	9

チューの合計点数は、ウーの3点の3倍な
ので9点。3このわっかをなげて9点なので、
3点の棒に3こ入れたことになるよ。

32ページ 出口まであと1歩！
点つなぎ

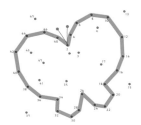

ちょうちょが出てきたよ！

34ページ 古代いせきの中へ！
計算めいろ

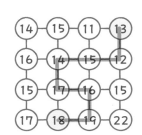

101

35ページ　カメラータの数字パズル

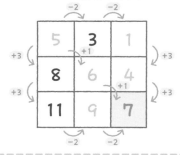

36ページ　イケメンダコの足し算めいろ

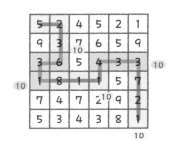

37ページ　いざ、次の部屋へ！図形ペアさがし

3つのじゅんばんがちがっても正解。

38ページ　くるくるパシャパシャ図形パズル

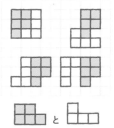

39ページ　いせきでまいご！？ナビめいろ

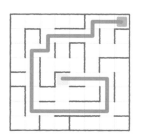

40ページ　長さの単位は？じゅんばん立体めいろ

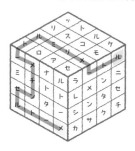

41ページ ずんずん進もう！
虫くい数字パズル

| 1 | 2 | 4 | 8 | 16 | 32 | 64 |

1 ＋ 1、2 ＋ 2、4 ＋ 4、8 ＋ 8、と
カードと同じ数だけふえているよ。
16 ＋ 16 ＝ 32、32 ＋ 32 ＝ 64 となるよ。

42ページ 2つ目の文字を
ゲットしよう！

24	21	7	14	12	18
32	42	17	28	4	32
4	5	3	1	8	45
28	6	18	15	36	2
16	30	23	9	24	35
36	7	10	16	20	30

ひらがなの「け」が出てきたよ！

43ページ ヤドカリのひっこし
マークめいろ

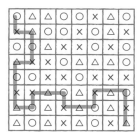

44ページ 古い絵のかかれた
とびらをひらけ！

14 回

手をたたく回数の合計は、三角形が 21 回、
四角形は 18 回。絵の中の円は 1 こなので、
53 から 21 と 18 を引くと 14 になる。

45ページ わなをこえろ！
数字パズル

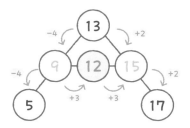

46ページ ピラミッドはどれ？
立体組み立てクイズ

47ページ　みんなの席順は？
すいりクイズ

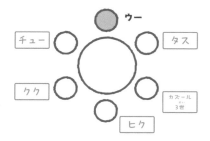

ウー

チュー　○

タス

○

クク

○

カズール
3世

ヒク

48ページ　とびらをひらくには？
マス目点つなぎ

とびらのカギが出てきたよ！

49ページ　カギをとりかえせ！
計算めいろ

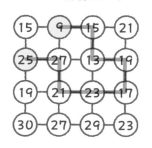

50ページ　まいごのクロ子と
数字パズル

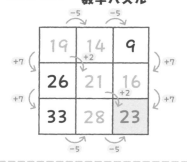

51ページ　3つ目の文字は？
点つなぎ

ひらがなの「ま」が出てきたよ！

52ページ　ライトの道あんない
九九めいろ

6	42	33	36	47
28	24	18	48	49
36	31	13	30	54
12	18	43	17	12
53	15	54	81	36

53ページ せきばんを解読！
図形パズル

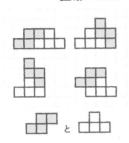

と

54ページ 次のとびらをあけろ！
数字カードならべ

左がわは、じゅんばんがちがっても正解。

55ページ 水をよけろ！
マス目点つなぎ

かさが出てきたよ！

56ページ ライトアップ
数字パズル

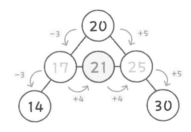

57ページ 図形の名前は？
じゅんばん立体めいろ

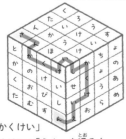

「さんかくけい」
「しかくけい」「えん」を通るよ。

58ページ せきばんの数字は？
虫くい数字パズル

1　2　4　7　11　16　22

1 + 1 = 2、2 + 2 = 4、4 + 3 = 7…、
というように、足す数が1、2、3、4、5、6、
とふえているよ。

59ページ いせきにかくされた
マークめいろ

60ページ 像ができるのはどれ？
立体組み立てクイズ

組み立てると、
三角形どうしが
かさなってしまうよ。

61ページ トシゴのもとへ！
足し算めいろ

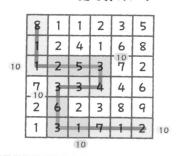

62ページ かくれている動物は？
点つなぎ

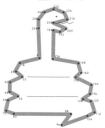

へびが出てきたよ！

63ページ トシゴとタツノの
ナビめいろ

64ページ とびらが2つ
出口はどっち？

30	72	83	49	72	43	15
43	12	27	35	21	54	37
35	56	7	63	42	35	53
28	49	14	28	49	56	49
21	63	42	7	14	63	22
5	6	23	21	56	20	71
19	17	18	35	8	11	19

66ページ　ふねをつくろう！図形あつめ

100こ

円には 10 こ、長方形には 50 こ、
三角形には 20 こ、正方形には 20 こ、
貝がらがいるよ。

67ページ　アメンボーヤのわっか数字パズル

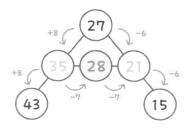

68ページ　アメンボーヤの図形ペアさがし

た　い　さ　け　あ　じ

3 つのじゅんばんがちがっても正解。

69ページ　ぷかぷかうき板数字パズル

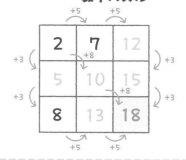

70ページ　九九めいろアイランド

8	18	32	42	32
40	64	56	16	24
32	14	36	72	44
72	24	22	32	45
63	8	26	48	24

71ページ　何がぶつかった？マス目点つなぎ

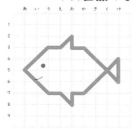

魚が出てきたよ！

72ページ あわの中の
計算めいろ

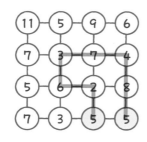

73ページ ホッシーともぐろう
図形パズル

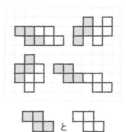

74ページ ブラボウとパーティー
虫くい数字パズル

1×1＝1、2×2＝4、3×3＝9、4×4＝16、
5×5＝25、6×6＝36、7×7＝49、
というように、同じ数字どうしをかけた
九九の答えが入るよ。

75ページ ジュースのかさは？
じゅんばん立体めいろ

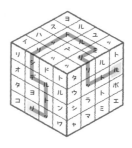

76ページ ちょいむず！
数字カードならべ

1 ＋ 2 ＋ 4 ＋ 5
＋ 7 ＋ 8 ＋ 9 ＝ 3 6

「＝」の左がわは、
じゅんばんがちがっても正解。

77ページ ふわふわの
正体は何だろう？

28	5	12	3	9	25	14
19	27	10	35	11	18	20
15	16	25	19	28	35	3
24	7	17	8	14	4	21
14	18	9	24	27	12	28
13	6	10	3	28	21	19
21	16	35	12	17	25	9

くらげが出てきたよ！

78ページ ジェリーといっしょに
マークめいろ

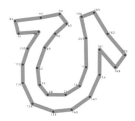

79ページ ぶくぶくあわから
4つ目の文字！

ひらがなの「ひ」が出てきたよ！

80ページ トリオの学校で
すいリクイズ

答え　白

ジェリーとタスのコメントから、ヒクとククが同じ色のぼうし、タスだけがちがう色のぼうしをかぶっているとわかる。ヒクのコメントから、ヒクとククは赤のぼうし、タスは白のぼうしだとわかるよ。

82ページ あつ～いさばくで
マス目点つなぎ

83ページ オアシスをめざせ！
足し算めいろ

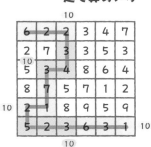

84ページ 砂に書かれた
数字パズル

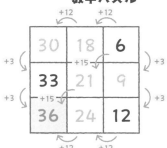

85ページ 図形をつないで アイテムをゲット

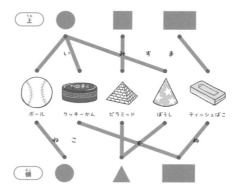

み ず

86ページ シャー九郎の 九九めいろ

9	49	27	35	24
27	45	73	38	6
56	81	54	63	36
18	63	14	18	21
36	72	55	72	36

87ページ オアシスの入口は? 計算めいろ

11	6	13	8
6	1	20	15
13	8	15	22
8	14	10	17

88ページ オアシスで 九九カードパズル

じゅんばんがちがっても正解。
「81」、「72」も九九の答えだね。

89ページ 丸が大すき オトセの数字パズル

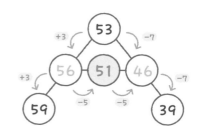

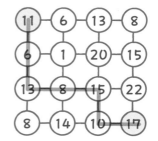

110

90ページ ペンギンズと
屋根（やね）づくり

4 はい

全体（ぜんたい）から長方形（ちょうほうけい）2こ分（ぶん）の砂（すな）を引（ひ）くと
「86-50=36」なので、
三角形（さんかくけい）9こだと、36ぱいの砂（すな）がいる。
1こだと4はいになる。

91ページ 屋根（やね）の下（した）にいるのは？
すいりクイズ

2時（じ）：カズール3世（せい）が入（はい）る
2時（じ）10分（ぷん）：ウーとチューが入（はい）る
2時（じ）30分（ぷん）：カズール3世（せい）が出（で）る
2時（じ）45分（ぷん）：チューが出（で）る
2時（じ）50分（ぷん）：プラッスが入（はい）る
3時：のこっているのはウーとプラッス

3 時（じ）

いるのは

| ウー | プラッス |

92ページ 図形（ずけい）の線（せん）や点（てん）は？
じゅんばん立体（りったい）めいろ

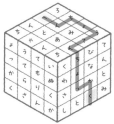

「へん」「ちょうてん」「ちょっかく」を通（とお）るよ。

93ページ あと少（すこ）し！
コツメのナビめいろ

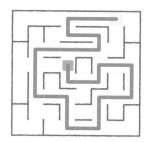

94ページ 最後（さいご）の文字（もじ）を
ゲットしよう！

13	21	41	30	45	27
8	15	16	57	3	48
54	5	61	12	36	1
56	20	10	35	25	58
23	34	19	24	45	59
62	15	35	10	20	46

ひらがなの「ら」が出（で）てきたよ！

95ページ 研究所（けんきゅうじょ）のとびらを
あけよう！

| ひ | ら | け | ご | ま |

監修　タカタ先生

数学教師芸人。
東京学芸大学教育学部数学科卒業。お笑い芸人と数学教師の二刀流で活躍中。テレビ、You Tube、リアル・オンラインでの授業などを通じて「算数・数学嫌い」をなくすために日々奮闘中。2016年に「日本お笑い数学協会」を設立し、会長に就任。2020年に開設した世界一楽しい授業チャンネル「スタフリ」(YouTube)は登録者20万人以上。2023年に開講したオンライン授業「算数わくわく探検隊」では100以上の家族とともに算数の世界を探検中。著書に『笑う数学ルート4』『笑う数学』(ともにKADOKAWA)、『小学生のためのバク速！計算教室』(フォレスト出版)など。

カバー・本文デザイン・DTP	田山円佳、石堂真菜実（スタジオダンク）
イラスト	ツナチナツ
構成・編集	スタジオダンク
校正	文字工房燦光
編集担当	冨居智穂（主婦と生活社）

算数脳がのびる
ゆる解きひらめきドリル

監修	タカタ先生
編集人	青木英衣子
発行人	倉次辰男
発行所	株式会社主婦と生活社
	〒104-8357　東京都中央区京橋3-5-7
	編集　03-3563-5211
	販売　03-3563-5121
	生産　03-3563-5125
	ホームページ　https://www.shufu.co.jp/

製版所・印刷所・製本所　図書印刷株式会社
ISBN978-4-391-16038-3